B. Vishnupriya

Infecções bacterianas e virais

B. Vishnupriya

Infecções bacterianas e virais

ScienciaScripts

Imprint

Any brand names and product names mentioned in this book are subject to trademark, brand or patent protection and are trademarks or registered trademarks of their respective holders. The use of brand names, product names, common names, trade names, product descriptions etc. even without a particular marking in this work is in no way to be construed to mean that such names may be regarded as unrestricted in respect of trademark and brand protection legislation and could thus be used by anyone.

Cover image: www.ingimage.com

This book is a translation from the original published under ISBN 978-620-7-64143-7.

Publisher:
Sciencia Scripts
is a trademark of
Dodo Books Indian Ocean Ltd. and OmniScriptum S.R.L publishing group

120 High Road, East Finchley, London, N2 9ED, United Kingdom
Str. Armeneasca 28/1, office 1, Chisinau MD-2012, Republic of Moldova, Europe
Printed at: see last page
ISBN: 978-620-7-63494-1

Infecções bacterianas e virais: Uma visão geral com foco na patogenicidade e sua prevenção

Dr. B Vishnupriya

Agradecimentos

Agradeço ao Todo-Poderoso, a luz da minha vida, por me ter dado a força, a coragem e o conhecimento para completar este livro. Agradeço aos membros da minha família por me terem dado coragem e confiança em todas as fases. Continuo grato a todas as grandes almas que me ajudaram de alguma forma a concluir o meu trabalho.

Índice

EBOLAVÍRUS

Os vírus da febre hemorrágica estão na origem da doença Ébola. O vírus Ébola danifica os tecidos de todo o corpo e cria uma inflamação extrema. O vírus é referido como febre hemorrágica porque pode interferir com o mecanismo de coagulação do corpo e resultar em hemorragia interna devido à saída de sangue de pequenos vasos sanguíneos. O vírus foi batizado com o nome do rio Ébola, um afluente do rio Congo na África Central

Introdução

Uma família de vírus conhecida como Filoviridae pode afetar as pessoas de forma grave e muitas vezes fatal. É extremamente raro que estes vírus entrem nas populações humanas; normalmente, fazem-no por contacto direto ou indireto com um hospedeiro do vírus ou através do contacto com mamíferos doentes, mortos ou infectados. O contacto direto pele a pele ou o contacto com fluidos corporais ou tecidos doentes são as duas formas de transmissão das infecções de pessoa para pessoa. Nos surtos que ocorrem naturalmente, não há provas de transmissão por aerossóis ou gotículas respiratórias; em vez disso, as doenças passam rapidamente da gripe para os sintomas gastrointestinais. Uma vez que não existe uma vacina específica eficaz nem um medicamento antivírico licenciado, o único tratamento disponível para esta infeção são os cuidados de suporte.

A Organização Mundial de Saúde (OMS) classificou o vírus Ébola ou os filovírus como agentes patogénicos do grupo de risco 4. O trabalho com materiais suspeitos de serem portadores de filovírus reprodutores só deve ser efectuado em laboratórios com confinamento máximo (nível de biossegurança 4), ou os vírus devem ser totalmente inactivados antes de serem sujeitos a investigação adicional em laboratórios com nível de biossegurança 2. O vírus deve ser manuseado por especialistas com o equipamento de proteção individual (EPI) necessário e devem ser seguidos procedimentos operacionais normalizados rigorosos. Se forem detectadas infecções por filovírus, as autoridades nacionais competentes e os laboratórios de referência da OMS devem ser imediatamente notificados.

Estrutura viral

Genoma de ARN de cadeia simples embalado num nucleocapsídeo helicoidal (NC).

➢ O vírus Ébola tem geralmente cerca de 80 nm de diâmetro e 970 nm de comprimento.

➢ São cilíndricos/tubulares e contêm componentes do envelope viral, da matriz e do nucleocapsídeo. O vírus apresenta-se geralmente numa forma longa e filamentosa, mas também pode ter a forma de um "U", de um "6" ou mesmo circular.

➢ Têm uma glicoproteína (GP) codificada pelo vírus que se projecta como picos de 7-10 nm de comprimento a partir da sua superfície de bicamada lipídica.

➢ As glicoproteínas são proteínas que contêm cadeias de hidratos de carbono (glicanos) ligadas covalentemente às suas cadeias laterais polipeptídicas, um processo conhecido como glicosilação e que é responsável pela ligação e entrada em novas células hospedeiras.

➢ O envelope viral externo do virião é derivado por brotamento de domínios da membrana da célula hospedeira nos quais as espículas GP foram inseridas durante a sua biossíntese e, estruturalmente, assemelha-se a um comprimento de fio.

Distribuição geográfica

Em todo o mundo, os filovírus representam um perigo grave para a saúde pública. O surto de filovírus de maior escala e mais complicado até à data ocorreu na África Ocidental, o que realça a necessidade de uma compreensão preditiva da distribuição geográfica e do potencial de transmissão humana destes vírus.

Em 1976, a doença foi descoberta em surtos quase paralelos no Sudão (atual Sudão do Sul) e na República Democrática do Congo (RDC). Não se registaram casos ou surtos entre 1979 e 1994.

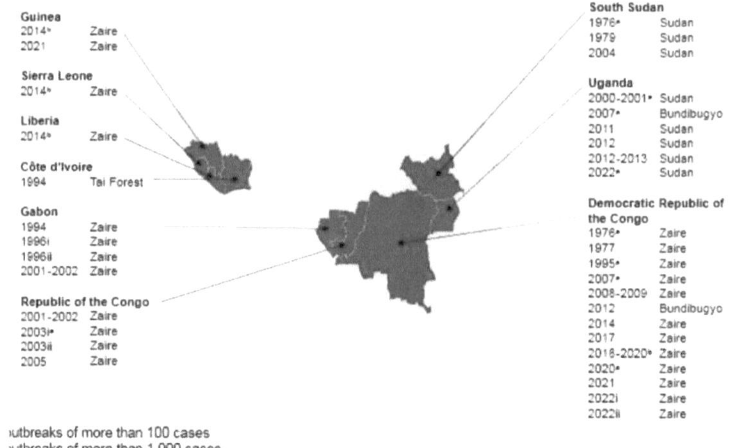

Mapa dos países que notificaram casos da doença do vírus Ébola (DVE), até janeiro de 2023

Métodos de modelação do nicho ecológico que são utilizados para compreender a ligação entre factores ambientais e ocorrências conhecidas de filovírus.

Os surtos de DVE estão associados a condições meteorológicas e geográficas distintas e estão provavelmente associados a hospedeiros ou reservatórios distintos. Os surtos de DVE têm sido frequentemente associados à caça ou ao contacto com carne de animais selvagens (ou seja, carne de macacos, outros primatas não humanos ou porcos do mato) nas florestas. Estudos ecológicos indicam que o vírus Ébola pode desempenhar um papel em epizootias extensas e frequentemente fatais entre populações de macacos selvagens.

Surtos e anos de ocorrência

Até à data, o maior surto ocorreu na África Ocidental entre março de

2014 e junho de 2016. De acordo com a Organização Mundial de Saúde (OMS), um surto de doença é definido como "a ocorrência de casos de doença que excedem o que seria normalmente esperado numa determinada comunidade, área geográfica ou estação do ano".

De 1976 a 2014, os surtos de Ébola ocorreram principalmente em aldeias remotas perto de florestas tropicais na África Central e Ocidental. Até à data, o maior surto ocorreu na África Ocidental entre março de 2014 e junho de 2016, afectando pessoas na Guiné, Libéria e Serra Leoa

Ano: 2022

UGANDA

- Espécie: ***Ebolavírus do Sudão***
- Número de casos registados: **164**
- Número de mortes notificadas e percentagem de casos fatais: **55**

(34%)

Ano: 2021

REPÚBLICA DEMOCRÁTICA DO CONGO (antigo ZAIRE)

outubro-dezembro

- Espécie: ***Ebolavírus do Zaire***
- Número de casos registados: **11**
- Número de mortes notificadas e percentagem de casos fatais: 9

(82%)

GUINÉ

- Espécie: ***Ebolavírus do Zaire***
- Número de casos registados: **23**
- Número de mortes notificadas e percentagem de casos fatais: **12**

(52.2%)

Ano: 2020

REPÚBLICA DEMOCRÁTICA DO CONGO (antigo ZAIRE)

- Espécie: *Ebolavírus do Zaire*
- Número de casos registados: 130
- Número de mortes notificadas e percentagem de casos fatais: **55 (42.3%)**

Ano: 2018

REPÚBLICA DEMOCRÁTICA DO CONGO (antigo ZAIRE), UGANDA

- Espécie: *Ebolavírus do Zaire*

- Número de casos registados: 3,470*
- Número de mortes notificadas e percentagem de casos fatais: **2 287*** **(66%)**

Ano: 2014-2016

A estirpe Zaire do vírus Ébola foi a causa do surto de Ébola na África Ocidental. O surto terminou com mais de 28.600 pessoas infectadas e 11.325 mortes.

Vários factores contribuíram para que a epidemia atingisse a dimensão que atingiu, nomeadamente

➢ A infeção demorou a ser reconhecida porque o Ébola ainda não tinha sido detectado em seres humanos naquela região. A implementação de medidas para travar o surto foi igualmente atrasada.

➢ Havia poucos médicos em alguns dos países participantes, que estavam a recuperar de guerras civis, e os seus sistemas de saúde estavam em frangalhos, o que dificultava o tratamento de qualquer doença, incluindo o Ébola.

> Muitos profissionais de saúde locais morreram na epidemia de 2014, o que deixou os hospitais ainda mais carenciados.

> Mobilidade mais rápida das pessoas, impossibilidade de as seguir

> A tradição cultural da região é enterrar os mortos na sua terra natal. Quando as pessoas começaram a morrer de Ébola na África Ocidental, os cadáveres altamente infectados foram transportados de um local para outro, espalhando o vírus pelo caminho

Ano: 2018

Em 1 de agosto de 2018, o Ministério da Saúde da República Democrática do Congo comunicou um surto de Ébola na província de Kivu do Norte.

Até 19 de dezembro de 2018, o Ministério da Saúde registou um total de 542 novos casos de Ébola (494 dos quais foram confirmados) e 319 mortes (271 confirmadas).

Ano: 2008

REPÚBLICA DEMOCRÁTICA DO CONGO (antigo ZAIRE)

- Espécie: ***Ebolavírus do Zaire***

- Número de casos registados: **32**
- Número de mortes notificadas e percentagem de casos fatais: **15 (47%)**

Ano: 2000

UGANDA

- Espécie: ***Ebolavírus do Sudão***
- Número de casos registados: **425**
- Número de mortes notificadas e percentagem de casos fatais: **224 (53%)**

Ano: 1995

REPÚBLICA DEMOCRÁTICA DO CONGO (antigo ZAIRE)

* Espécie: *Ebolavírus do Zaire*
* Número de casos registados: **315**
* Número de mortes notificadas e percentagem de casos fatais: **254 (81%)**

Ano: 1978

SUDÃO

* Espécie: *Ebolavírus do Sudão*
* Número de casos registados: **34**
* Número de mortes notificadas e percentagem de casos fatais: **22 (65%)**

Patogénese e Patologia

A transmissão do EBOV entre humanos ocorre através da inoculação por injeção do vírus na corrente sanguínea ou através da exposição das membranas mucosas ou da pele não intacta a fluidos ou tecidos corporais infecciosos.

O contacto direto (versus indireto) com material infecioso está associado a um aumento significativo do risco de infeção. As partículas virais infecciosas em material proteico sobrevivem em superfícies inanimadas durante dias ou semanas e podem sobreviver ainda mais tempo em condições como as de um hospital climatizado, permitindo que fómites previamente contaminados sirvam como fontes viáveis de infeção.

Nos seres humanos e nos primatas não humanos (PNH), a replicação de alto nível do EBOV associada à disseminação sistémica para vários tipos de células resulta numa patogénese complexa que inclui tanto a imunossupressão prejudicial como a sobreactivação imunitária em diferentes aspectos da resposta imunitária, a coagulação desordenada e os danos nos tecidos devidos a agentes virais directos e indirectos mediados pelo hospedeiro. Na ausência de cuidados de apoio adequados, estes processos resultam normalmente na falência de múltiplos órgãos e na morte no prazo de cerca de 10 dias após o início dos sintomas nos seres humanos

O risco é mais elevado durante as fases tardias da doença, quando o doente tem vómitos, diarreia ou hemorragias, e na morte, se houver contacto desprotegido com o cadáver. A infeção post-mortem tem sido associada à preparação do corpo para o enterro e durante os rituais de enterro ou serviços funerários. O Ébola não se propaga pelo ar. Também não é tipicamente transmitido pela água ou pelos alimentos, exceto através da manipulação ou consumo de carne de animais selvagens contaminada (animais selvagens caçados para alimentação).

A transmissão e a patogénese da infeção pelo vírus Ébola
A transmissão zoonótica, nosocomial ou de pessoa para pessoa do vírus Ébola conduz à infeção viral de fagócitos mononucleares, que transportam o vírus para os gânglios linfáticos regionais. A replicação do vírus é seguida de viremia com disseminação viral generalizada, conduzindo a lesões tecidulares e vasculares.

Embora milhares de pessoas tenham morrido devido à DVE, foram efectuadas poucas autópsias ou biópsias e as que foram realizadas limitam-se, em grande parte, aos casos dos primeiros surtos.
- As lesões detectadas na autópsia incluem petéquias e equimoses nas membranas mucosas e nos órgãos parenquimatosos, hemorragia no lúmen do trato gastrointestinal, congestão dos

órgãos abdominais, hepatomegalia e esplenomegalia.

- No fígado, a necrose hepatocelular com inflamação mínima, o principal achado histológico, pode ocorrer em conjunto com congestão, inflamação periportal ligeira, hipertrofia e hiperplasia das células de Kupffer, lipidose microvesicular, colestase ligeira e formação de corpos de Councilman
- As lesões microscópicas no baço e nos gânglios linfáticos são caracterizadas pela apoptose dos linfócitos, levando à depleção linfoide e à acumulação de resíduos celulares
- O antigénio viral está presente nas células endoteliais, nas células dendríticas, nos fibroblastos e nas glândulas sudoríparas e sebáceas da pele
- Também foram descritas lesões no trato digestivo, pulmão, rim, coração e medula óssea.
- A necrose das células adrenocorticais foi descrita em modelos animais de infeção por EBOV, embora a correlação clínica nos seres humanos não seja clara.
- Raramente foi relatado edema do miocárdio com pouca ou nenhuma inflamação, e o antigénio viral foi detectado em células endocárdicas e endoteliais
- Tanto o ARN viral como o vírus infecioso foram detectados no sémen, tendo sido notificados casos de suspeita de transmissão sexual de homem para mulher

Infeção por Ébola e disseminação pelo corpo

A DVE não pode ser diferenciada pela simples observação das manifestações clínicas e, para todos os efeitos práticos, pode ser considerada a mesma doença.

Período de incubação Geralmente 8-10 dias após a exposição (intervalo de 2-21 dias)

- O vírus do Ébola pode entrar no organismo por várias vias: pode ser através de um rasgão na pele ou nas membranas mucosas ou pode ser transferido de uma transfusão de sangue infetado com o vírus.

- Uma vez no corpo, o vírus Ébola pode infetar um grande espetro de células, incluindo glóbulos brancos circulantes (que formam o revestimento interno de vários órgãos e vasos sanguíneos), fibroblastos e células epiteliais (componentes importantes da pele e dos músculos) e hepatócitos e células corticais supra-renais (células secretoras no fígado e nas glândulas supra-renais)

- Normalmente, os glóbulos brancos circulantes, como os macrófagos e as células dendríticas, são as primeiras células a serem infectadas, independentemente do ponto de entrada no corpo humano. Estas células tornam-se o veículo de transporte do vírus para vários órgãos mas, infelizmente, não são imunes ao efeito destrutivo do vírus.

- O vírus Ébola replica-se rapidamente no interior destas células, provocando a sua morte e a subsequente libertação de um grande número de novas partículas virais no fluido extracelular após a destruição celular

- espalhar-se por órgãos importantes como o fígado, o baço e o rim.

- Importantes mecanismos de proteção do corpo humano, como o interferão e os linfócitos, são suprimidos pelo vírus Ébola, o que lhe dá a liberdade de se replicar e atacar qualquer local com qualquer nível de gravidade

- A falta de sinais de apoio das células dendríticas faz com que os linfócitos se autodestruam, o que piora ainda mais o sistema de defesa do organismo.

- Com a progressão da doença, as células corticais supra-renais, os hepatócitos, os fibroblastos e muitos outros tipos de células também são infectados, resultando numa morte celular extensa e na necrose dos tecidos.
- A infeção pelo vírus Ébola caracteriza-se por hemorragias excessivas, uma vez que o sangue é incapaz de coagular, daí o termo "febre hemorrágica"
- Devido à depleção das plaquetas e das proteínas envolvidas no processo normal de coagulação, o corpo torna-se propenso a hemorragias e sangramentos excessivos.

Manifestação clínica

As infecções pelos vírus Ébola e Marburgo têm manifestações clínicas semelhantes nos seres humanos. O vírus de Marburgo é considerado menos letal em termos de letalidade e gravidade dos sintomas. A hemorragia não é uma caraterística comum da doença pelo vírus Ébola, sendo que a maioria dos doentes só sangra durante a fase terminal da infeção.

O termo "febre hemorrágica do Ébola" foi substituído pelo termo "doença do vírus Ébola" na literatura científica atual.

(a) **Erupção cutânea - Nos** dias 5 a 7 da doença, pode aparecer uma erupção cutânea vermelha difusa na pele. A erupção cutânea pode cobrir grandes áreas do corpo, começando no rosto e estendendo-se até ao tronco, com alguma ulceração da pele também

(b) **Gastrointestinal -** Diarreia **aquosa**, náuseas, vómitos e dores abdominais desenvolvem-se geralmente após muitos dias de sintomas iniciais.

(c) **Manifestações hemorrágicas - A hemorragia** não é uma caraterística precoce da doença, nem sempre está presente e, por isso, pode não ser útil no diagnóstico da infeção. Nas fases mais avançadas da infeção, observa-se uma hemorragia excessiva.

(d) **Sintomas psicológicos** - A doença provocada pelo vírus **Ébola**, como qualquer outra doença não tratável, provoca um stress psicológico devastador nos doentes. Com a sua elevada taxa de mortalidade e sem tratamento comprovado, os doentes são mais susceptíveis de sofrer de sintomas depressivos. A falta de apoio familiar devido ao risco de exposição aumenta a carga de problemas de saúde mental.

(e) Na doença grave do vírus Ébola, a morte ocorre entre os dias 6 e 16, predominantemente devido ao choque.

Diagnóstico laboratorial

- A PCR de transcrição reversa (RT-PCR) demora apenas 3 a 10 dias a detetar o vírus Ébola após o início dos sintomas. A PCR é efectuada no soro de indivíduos suspeitos. A transcriptase reversa pode inverter os isolados e transcrever o ácido ribonucleico do vírus Ébola em ácido desoxirribonucleico, que é depois amplificado pela PCR, gerando milhares a milhões de cópias de uma determinada sequência de ácido desoxirribonucleico.

- O ensaio de imunoabsorção enzimática pode detetar antigénios virais e sequências específicas de ácido ribonucleico por RT-PCR.

- A pesquisa de anticorpos IgG ou IgM contra o vírus Ébola pode ser utilizada para identificar e avaliar a infeção passada e/ou a resposta imunitária ao longo do tempo.

- O teste PCR também é útil para determinar se um doente recuperou da infeção por Ébola.

Conclusões complementares

Leucopénia - Diminuição do número de glóbulos brancos. É seguida de um aumento da contagem de neutrófilos, com uma percentagem aumentada de células imaturas.

Trombocitopenia - As contagens de **plaquetas** atingem um nadir por volta dos dias 6 a 8 da doença e mantêm-se normalmente no intervalo de 50.000-100.000/μL, em contraste com as contagens normais, que se situam normalmente no intervalo de 150.000-350.000/μL

Anomalias renais - As proteínas na circulação sanguínea não são filtradas pelos rins na urina. Devido a danos nos rins, as proteínas plasmáticas começam a infiltrar-se nos rins e a ser excretadas pela urina do doente. A insuficiência renal ocorre com a progressão da doença.

Elevação das transaminases - o vírus **Ébola** invade os hepatócitos (células do fígado) e provoca a necrose destas células. Os níveis séricos de AST aumentam mais do que os de ALT. Estas enzimas são libertadas na circulação sanguínea quando as células do fígado morrem devido à invasão viral.

Tratamentos

Existem atualmente dois tratamentos* aprovados pela U.S. Food and Drug Administration (FDA) para tratar a DVE causada pelo vírus Ébola, espécie *Zaire ebolavirus,* em adultos e crianças. O primeiro medicamento aprovado em outubro de 2020, o Inmazeb, é uma combinação de três anticorpos monoclonais. O segundo medicamento, Ebanga, é um anticorpo monoclonal único e foi aprovado em dezembro de 2020.

Estes mAbs específicos ligam-se a uma porção da superfície do vírus

Ébola chamada glicoproteína, que impede o vírus de entrar nas células de uma pessoa.

Cuidados de apoio

- Fornecimento de fluidos e electrólitos (sais corporais) por via oral ou por infusão na veia (intravenosa).
- Utilizar medicamentos para manter a tensão arterial, reduzir os vómitos e a diarreia e controlar a febre e a dor.
- Tratar outras infecções, caso ocorram.
- Evite o contacto com sangue e fluidos corporais (como urina, fezes, saliva, suor, vómito, leite materno, líquido amniótico, sémen e fluidos vaginais) de pessoas que estejam doentes.
- Evite o contacto com o sémen de um homem que tenha recuperado da doença do Ébola, até que os testes demonstrem que o vírus desapareceu do seu sémen.

Prevenção

- Evite o contacto com objectos que possam ter estado em contacto com o sangue ou fluidos corporais de uma pessoa infetada (tais como roupas, roupa de cama, agulhas e equipamento médico).
- Evite práticas funerárias ou de enterro que impliquem tocar no corpo de alguém que se suspeite ou se confirme ter tido a doença do Ébola.
- Evite o contacto com morcegos, antílopes florestais, primatas não humanos (como macacos e chimpanzés) e sangue, fluidos ou carne crua preparada a partir destes animais ou de animais desconhecidos.

Estes mesmos métodos de prevenção devem ser utilizados quando vive ou viaja para uma área afetada por um surto de Ébola. Depois de regressar de uma zona afetada pelo Ébola, as pessoas devem vigiar a sua saúde durante 21 dias e procurar imediatamente assistência médica se desenvolverem sintomas da doença do Ébola.

HELICOBACTER PYLORI

Jeev Sheen Joseph, Manigandan. T & Mukila. C III Licenciatura em Biotecnologia

História:

A Helicobacter pylori foi descoberta pela primeira vez no estômago de pacientes com gastrite e úlceras em 1982, pelos Drs. Barry Marshall e Robin Warren, da Austrália. Em reconhecimento da sua descoberta, foi-lhes atribuído o Prémio Nobel da Fisiologia ou Medicina de 2005. O seu nome refere-se tanto à sua forma em espiral como à zona do estômago inferior que coloniza, a porta de entrada (piloro) entre o estômago e o intestino delgado. Experiências de auto-ingestão efectuadas por Marshall e Morris com voluntários demonstraram que estas bactérias podem colonizar o estômago humano, induzindo assim a inflamação da mucosa gástrica.

A Helicobacter pylori é uma bactéria gram-negativa, não formadora de esporos, com uma forma helicoidal. A H. pylori infecta o estômago ou a primeira parte do intestino delgado, chamada duodeno. É a principal razão pela qual as pessoas contraem úlceras pépticas, que são feridas no revestimento do estômago. Também podem fazer com que o revestimento do estômago fique inchado e doloroso, uma condição chamada gastrite. Se não for tratada, a presença de *H. pylori* durante muito tempo pode, por vezes, levar ao cancro do estômago, mas isso não é muito comum. Tem múltiplos flagelos num dos pólos e é ativamente móvel. A Helicobacter Pylori pode sobreviver em meio ácido durante um curto período de tempo, mas não é acidófila. As espécies de *Helicobacter* gástricas adaptaram-se às condições inóspitas encontradas na superfície da mucosa gástrica e pensa-se atualmente que os estômagos de todos os mamíferos podem ser colonizados pelo género *Helicobacter*. Todas as espécies de *Helicobacter* gástricas conhecidas são urease positivas e altamente móveis através de flagelos. O tratamento da infeção por *Helicobacter pylori* é importante para o tratamento de doenças gastrointestinais, como a úlcera péptica e o cancro gástrico. A bactéria H. pylori encontra-se em aproximadamente 50% a 75% da população mundial e é mais comum nos países em desenvolvimento. As pessoas que vivem em ambientes com muita gente e com saneamento inadequado correm um maior risco de contrair esta infeção.

Causas e sintomas

A H. pylori multiplica-se na camada de muco do revestimento do estômago e do duodeno. Segregam uma enzima conhecida como urease, que converte a ureia em amoníaco. Este amoníaco ajuda a proteger as bactérias do ácido gástrico. À medida que *a H. pylori* se continua a multiplicar, pode danificar o tecido do estômago, acabando por provocar gastrite ou úlceras gástricas. As bactérias são normalmente transmitidas de pessoa para pessoa, mas também podem propagar-se através de:

1. Alimentos e água contaminados: Se os alimentos ou a água estiverem contaminados com H. pylori, podem provocar a infeção quando ingeridos. Da mesma forma, a partilha de utensílios com alguém que esteja infetado pode transmitir a bactéria.

2. Boca a boca (beijo): O contacto próximo, como o beijo, também pode transmitir a bactéria, especialmente se uma pessoa tiver uma má higiene oral ou uma infeção ativa por H. pylori.

3. Fezes ou vómito contaminados: a bactéria H. pylori pode sobreviver nas fezes ou no vómito humanos, pelo que o contacto com matéria fecal ou vómito contaminados pode levar à infeção se não forem seguidas as medidas de higiene adequadas.

Quando a H. pylori entra no organismo, coloniza o revestimento do estômago, onde pode provocar vários problemas gastrointestinais, incluindo úlceras, devido ao enfraquecimento do revestimento do estômago e ao aumento da suscetibilidade ao ácido gástrico (Jabeen Begum- 2023).

Os sintomas e sinais, se presentes, são os que surgem da gastrite ou da úlcera péptica e incluem:

- Dor surda ou ardente no seu estômago (mais frequentemente algumas horas depois de comer e à noite). A sua dor pode durar minutos a horas e pode ir e vir ao longo de vários dias ou semanas.
- Perda de peso não planeada.
  - Inchaço.
  - Náuseas e vómitos (vómito com sangue).
  - Indigestão (dispepsia).
  - Arrotar.
  - Perda de apetite.
  - Fezes escuras (devido a sangue nas suas fezes).

Diagnóstico

O diagnóstico exato da infeção por H. pylori é importante para o tratamento eficaz de várias doenças gastro duodenais. São utilizados vários testes para a deteção da úlcera péptica. Cada teste tem as suas vantagens e limitações e a utilização de um único teste é geralmente adequada para o diagnóstico. De um modo geral, os testes de diagnóstico dividem-se em dois tipos: invasivos e não invasivos. O teste invasivo inclui a recolha de uma amostra diretamente do estômago e o teste não invasivo não requer uma amostra direta do estômago. Em vez disso, detectam marcadores nos fluidos corporais ou na respiração (Samina Khan Bashir-2023). Exemplos de métodos de diagnóstico utilizados para a deteção da helicobacter pylori são a endoscopia, o teste respiratório da ureia e o teste do antigénio das fezes.

Endoscopia

A endoscopia envolve a utilização de um tubo fino, flexível e iluminado com uma câmara, chamado endoscópio. Normalmente, é efectuada sob sedação ligeira, porque o endoscópio tem de ser passado pela sua boca e pela garganta para chegar ao estômago e ao duodeno. Durante a endoscopia, o médico visualiza e capta imagens do revestimento do estômago e do duodeno. São utilizados diferentes tipos de métodos de endoscopia para o diagnóstico, como a imagiologia de luz branca (WLI) e a endoscópica com imagem melhorada (IEE).

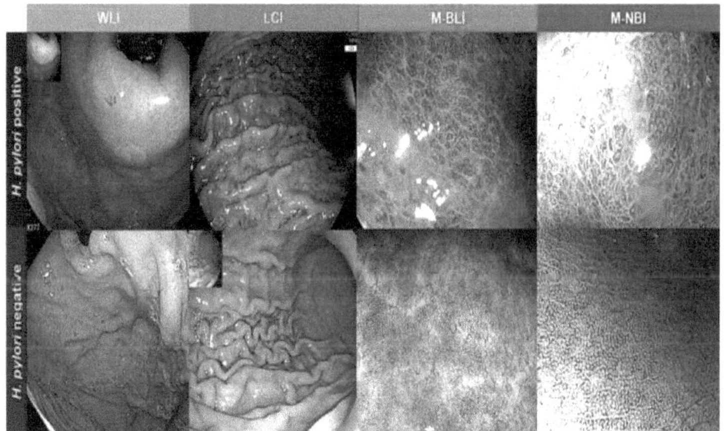

Figura 1. A tabela mostra a imagem endoscópica da infeção por h. pylori positiva e negativa, Boonyaorn Chatrangsun (2024)

Positivo: Vermelhidão pontual da mucosa, padrão irregular da mucosa, inflamação do revestimento do estômago.

Teste respiratório da ureia

A H. pylori não é um acidófilo, pelo que não consegue sobreviver no ambiente ácido do nosso estômago. Para causar a infeção, precisa de resistir ao ácido gástrico produzido pelo nosso estômago. Por esta razão, produz uma enzima chamada urease, que decompõe a ureia em amoníaco e dióxido de carbono. Desta forma, aumenta o pH e cria um ambiente alcalino.

O kit de teste respiratório da ureia é utilizado maioritariamente para este método de diagnóstico. Antes do teste, pede-se ao doente que expire ar para um saco especial e mede-se a concentração de dióxido de carbono. Durante o teste, é engolido um comprimido que contém ureia e é medida a quantidade de dióxido de carbono exalado. Isto indica a presença de *H. pylori* no estômago (Minesh Khatri- 2023). Se tiver uma infeção por H. pylori, o carbono é libertado quando a solução entra em contacto com a H. pylori no seu estômago. Como o seu corpo absorve o carbono, este é libertado quando expira. Para medir a libertação de carbono, sopre para dentro de um saco. Um dispositivo especial detecta as moléculas de carbono. Este teste pode ser utilizado em adultos e em crianças com mais de 6 anos de idade que sejam capazes de colaborar no teste.

Teste de antigénio das fezes

O teste de antigénio nas fezes detecta o antigénio da bactéria, em oposição aos anticorpos desenvolvidos como resultado. O teste de antigénio fecal verifica se estão presentes nas fezes substâncias que desencadeiam o sistema imunitário para combater uma infeção por H. Pylori (antigénios) (CDHF- 2022).

Tratamento

Não existe um método de tratamento universalmente aceite para a infeção por H. pylori, todas as abordagens visam reduzir os sintomas e promover a cicatrização das lesões da mucosa causadas pela infeção. O tratamento envolve normalmente antibióticos, inibidores da bomba de protões (IBP), probióticos e vacinas. O manejo da infeção por H. pylori é crucial tanto para aliviar os sintomas quanto para reduzir o risco de complicações (Breno Bittencourt de Brito-2019).

Antibióticos

A história do tratamento da H. pylori é, de facto, marcada por avanços significativos, particularmente com o desenvolvimento de terapias combinadas. A primeira terapia antibiótica verdadeiramente eficaz para

A terapia para a infeção por H. pylori foi proposta em 1990. Esta terapia incluía uma combinação de bismuto, tetraciclina e metronidazol (MNZ). No entanto, devido à crescente resistência aos antibióticos e às taxas de erradicação abaixo do ideal, os investigadores continuaram a explorar novas opções de tratamento (Vasilios Papastergiou-2014).

Um marco significativo surgiu alguns anos mais tarde com a introdução de uma terapêutica combinada que incluía claritromicina, amoxicilina e um inibidor da bomba de protões (IBP), proposta por Bazzoli *et al.* Esta combinação, conhecida como claritromicina-amoxicilina-IBP (CAP), marcou o início das terapêuticas combinadas que incorporam claritromicina, amoxicilina e um IBP. Alguns exemplos de antibióticos utilizados no tratamento de úlceras pépticas são:

- Amoxicilina
- Claritromicina

- Tetraciclina
- Tinidazol
- Metronidazol

Terapia quádrupla com bismuto:

A terapia quádrupla com bismuto (BQT) surgiu como uma opção de tratamento valiosa para a infeção por H. pylori, especialmente em regiões onde a resistência à claritromicina (CAM) é prevalente. A resistência à CAM teve um impacto significativo na eficácia das terapias triplas tradicionais, levando à exploração de regimes alternativos como a BQT (Vasilios Papastergiou-2014).

Desvantagem: A utilização de antibióticos apenas erradica 90% da Pylori e não restaura o revestimento interno danificado do estômago. Além disso, matam tanto as bactérias boas como as más do nosso estômago. Deve recorrer a tratamentos alternativos para conseguir uma recuperação total.

Probióticos

São microrganismos vivos capazes de inibir o crescimento da H. pylori e são benéficos para o nosso intestino. São bacteriostáticos e podem melhorar o microbioma intestinal. Entre os probióticos, o Bifidobacterium é um dos géneros preferidos para a prevenção de infecções gastrointestinais, sendo comummente incorporado em produtos lácteos fermentados ou suplementos alimentares. Quando introduzidos no corpo humano, estes organismos produzem substâncias antimicrobianas, como o ácido lático, o peróxido de hidrogénio e as bacteriocinas. O ácido lático pode suprimir a atividade da urease da H. pylori e a parede celular bacteriana e as suas membranas são danificadas pelas espécies reactivas de oxigénio produzidas pelos probióticos (Rajalakshmi Sathiya Narayanan-2022).

Vacinas

Em países com elevada prevalência de infeção por *H. pylori,* são preferidos tratamentos alternativos. Tal deve-se ao aumento da resistência aos antibióticos desenvolvida pela bactéria e à recorrência da infeção, o que torna o tratamento dispendioso. Por isso, é necessário um método económico para tratar a doença, como a vacinação. Têm sido desenvolvidos esforços para desenvolver uma vacina contra a *H. pylori*, centrados em vários aspectos, como a via de administração ideal, adjuvantes e antigénios para induzir imunidade protetora. Uma vez que *a H. pylori* infecta principalmente o revestimento da mucosa do estômago, a maioria dos esforços de desenvolvimento de vacinas tem-se centrado na imunização da mucosa.

Foram exploradas várias vias de vacinação das mucosas, incluindo a administração oral, intranasal e intragástrica. Cada via tem as suas vantagens e desafios em termos de administração da vacina e indução da resposta imunitária. Para além da via de administração, a escolha de adjuvantes e antigénios é crucial para a eficácia da vacina. Os adjuvantes, tais como a toxina da cólera (CT) ou a toxina termolábil de Escherichia coli (LT), são utilizados para reforçar a resposta imunitária aos antigénios da vacina. Estes adjuvantes estimulam o sistema imunitário inato e promovem a produção de anticorpos contra a *H. pylori.*

Vários antigénios têm sido investigados como potenciais candidatos a vacinas, incluindo proteínas da membrana externa, urease e proteínas flagelares. Estes antigénios são visados porque são essenciais para a colonização e virulência. Ao induzir uma resposta imunitária contra estes antigénios, a vacina visa prevenir a infeção por *H. pylori* ou reduzir a sua gravidade. Em geral, o desenvolvimento de uma vacina eficaz contra a *H. pylori* continua a ser um desafio, mas continuam a ser feitos progressos na compreensão da resposta imunitária à infeção e na identificação de potenciais candidatos a vacinas. A investigação futura centrar-se-á provavelmente na otimização da administração da vacina, nos adjuvantes e na seleção de antigénios para aumentar a eficácia e a segurança da vacina.

Fitomedicina

As plantas e as especiarias têm sido utilizadas pelas suas propriedades terapêuticas em várias culturas, e este conhecimento tem sido transmitido ao longo de gerações. Nos países em desenvolvimento, onde o acesso a tratamentos alopáticos pode ser limitado devido a vários factores, como o custo, a disponibilidade ou as infra-estruturas, a medicina tradicional continua a ser um recurso de saúde crucial. Muitas pessoas confiam nos remédios tradicionais feitos a partir de plantas e substâncias naturais para tratar várias doenças e infecções. Os compostos vegetais têm demonstrado diversas actividades biológicas, incluindo propriedades antimicrobianas, que podem ser exploradas para o desenvolvimento de novos medicamentos para combater doenças infecciosas.

- Foi sugerida uma combinação de fenólicos de orégãos e arandos para inibir a infeção por H. pylori. O modo de ação é através da inibição da urease e da perturbação da produção de energia pela inibição da prolina desidrogenase na membrana plasmática. A inibição da urease, que catalisa a hidrólise da ureia em dióxido de carbono e amoníaco. Assim, o pH diminui e o H. pylori não consegue sobreviver no ambiente ácido do estômago.
- A investigação demonstrou que a própolis apresenta um amplo espetro de actividades biológicas, incluindo propriedades antimicrobianas. Trata-se de um produto resinoso da colmeia, recolhido pelas abelhas a partir de várias fontes vegetais. A sua atividade antibacteriana contra

a Helicobacter pylori, a bactéria associada às úlceras gástricas e a outros problemas gastrointestinais, tem sido de particular interesse. Vários estudos têm demonstrado a eficácia de extractos ou compostos de própolis contra a H. pylori, tanto em laboratório como em ensaios clínicos (Jorge M.B. Vítor-2011).

Mutação

Resistência aos antibióticos: O uso repetido de antibióticos para o tratamento de infecções bacterianas levou à resistência desses medicamentos. A mutação pontual no gene 23 S rRNA da *helicobacter pylori mediou* a resistência ao antibiótico claritromicina. As mutações pontuais A2143G e A2142G estão, de facto, entre as mutações mais frequentemente detectadas associadas à resistência à claritromicina em estirpes de Helicobacter pylori. Estas mutações encontram-se normalmente em 64% a 95% das estirpes resistentes à claritromicina. Embora estas mutações tenham sido extensivamente estudadas in vitro e se saiba que têm diferentes graus de resistência à claritromicina, o seu significado clínico em termos de erradicação da H. pylori não foi investigado em pormenor (S. Ergin-2018).

Mutação induzida para análise da atividade da urease para colonização: O mutante negativo da urease foi isolado através do tratamento do tipo selvagem com nitrosoguanidina.

A estirpe mutante foi administrada por via oral a leitões, não tendo sido detectada qualquer infeção nos mesmos. Concluiu-se assim que a enzima urease era necessária para a sobrevivência de h. pylori no ambiente ácido do estômago.

Conclusão

> *A Helicobacter pylori* é uma bactéria que infecta o revestimento do estômago, causando gastrite, úlceras pépticas e, em alguns casos, cancro do estômago. Este estudo de caso explora a patogénese, o diagnóstico, o tratamento e as estratégias de prevenção associadas à infeção por H. pylori. É uma causa comum de perturbações gastrointestinais em todo o mundo. Muitos indivíduos infectados permanecem assintomáticos, enquanto outros apresentam sintomas como dor abdominal, inchaço, náuseas e, em casos graves, hemorragia ou perfuração gastrointestinal. A gravidade e a apresentação dos sintomas variam entre indivíduos e podem ser influenciadas por factores como a genética do hospedeiro, factores de virulência bacteriana e factores ambientais. A deteção precoce e o tratamento adequado são essenciais para prevenir complicações como as úlceras pépticas e o cancro gástrico. Existem vários métodos de diagnóstico disponíveis para detetar a infeção por *H. pylori:* teste respiratório da ureia, endoscopia e teste de antigénio nas fezes.

> O principal objetivo do tratamento da *H. pylori* é erradicar a bactéria, aliviar os sintomas e prevenir complicações. O método de tratamento envolve normalmente uma combinação de antibióticos e medicamentos supressores de ácido, como os inibidores da bomba de protões (IBP). As combinações comuns de antibióticos incluem claritromicina com amoxicilina ou metronidazol, frequentemente combinados com um IBP para uma eficácia óptima. No entanto, o aumento da resistência aos antibióticos representa um desafio significativo para a erradicação destas bactérias. Com o aumento da resistência aos antibióticos, é necessária uma investigação contínua para desenvolver regimes de tratamento eficazes e medidas

preventivas contra a infeção por *H. pylori*. Métodos alternativos como a fitomedicina, as vacinas e os probióticos são também utilizados juntamente com a terapia antibiótica.

➢ A infeção por Helicobacter pylori representa um importante problema de saúde pública a nível mundial, contribuindo para um espetro de perturbações gastrointestinais com apresentações clínicas diversas. A deteção precoce e o tratamento eficaz são essenciais para gerir as doenças associadas à H. pylori e reduzir o risco de complicações como as úlceras pépticas e o cancro gástrico. A investigação contínua de novas abordagens de diagnóstico, terapias antibióticas e estratégias preventivas continua a ser fundamental no combate a este agente patogénico bacteriano.

PNEUMONIA

Introdução

A pneumonia é uma infeção que afecta os pulmões. Faz com que os sacos de ar, ou alvéolos, dos pulmões se encham de líquido ou pus. Bactérias, vírus ou fungos

pode causar pneumonia. **A pneumonia** refere-se a um estado anormal dos pulmões que se caracteriza por uma inflamação, mais frequentemente resultante de agentes infecciosos, como vírus e bactérias.

Causas da Pneumonia

Pneumonia bacteriana

O mais comum é o *Streptococcus pneumoniae*. Normalmente, ocorre quando o corpo está enfraquecido de alguma forma, como por exemplo devido a doença, má nutrição, velhice ou imunidade diminuída. A pneumonia bacteriana pode afetar todas as idades.

Pneumonia viral

É causada por vários vírus, incluindo o da gripe (influenza), e é responsável por cerca de um terço de todos os casos de pneumonia.

Pneumonia por Mycoplasma

É causada pela bactéria *Mycoplasmapneumoniae*. Provoca geralmente uma pneumonia ligeira e generalizada que afecta todos os grupos etários.

Outras pneumonias. Existem outras pneumonias menos comuns que podem ser causadas por outras infecções, incluindo fungos.

Patogénese

Existem vários factores que podem causar o desenvolvimento de pneumonia, incluindo a aspiração, a extensão direta a partir das vias respiratórias superiores, a disseminação hematogénea e a inalação direta de partículas infectadas transportadas pelo ar. As etiologias da pneumonia pediátrica variam em função da idade, do estado do hospedeiro e de factores ambientais como a época do ano e a localização.

A causa mais frequente de infecções do trato respiratório inferior em crianças, particularmente em recém-nascidos, continua a ser os vírus. Além disso, as crianças mais novas continuam a ser mais susceptíveis à pneumonia bacteriana adquirida na comunidade, que normalmente afecta crianças saudáveis com menos de cinco anos de idade. As causas bacterianas mais frequentes de pneumonia adquirida na comunidade (PAC) não se alteraram muito nas últimas décadas, apesar das vacinações e das campanhas de saúde pública. Estas estirpes de *Haemophilus influenzae, Moraxella catarrhalis, Streptococcus pneumoniae* e *Staphylococcus aureus* incluem estirpes não tipáveis. Os hospedeiros imunocomprometidos com infecções pulmonares têm um diferencial muito mais alargado e necessitam de tratamento imediato e intensivo.

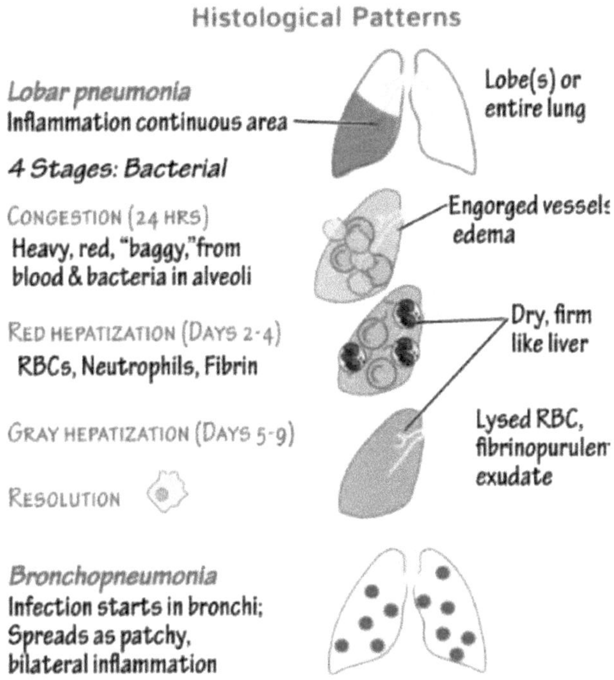

- Os padrões histológicos ou Patogénese ocorrem em quatro fases: Congestão, Hepatização Vermelha, Hepatização Cinzenta e Resolução.

- A primeira inflamação ocorre continuamente na parte específica dos pulmões e entra na fase seguinte em 24 horas.

- Neste estado, o seu aspeto é vermelho intenso e ocorre colonização bacteriana nos alvéolos.

- A hepatização dos glóbulos vermelhos ocorre em 4 dias, enquanto se verifica uma infiltração acentuada de glóbulos vermelhos, neutrófilos e fibrina no líquido alveolar.

- A seguir, a hepatização cinzenta/consolidação tardia ocorre 2 a 3 dias após a hepatização vermelha e dura 4 a 8 dias.

- O pulmão apresenta-se cinzento com consistência hepática devido ao exsudado fibrinopurulento, à desintegração progressiva dos glóbulos vermelhos e à hemossiderina. Começam a aparecer os macrófagos.

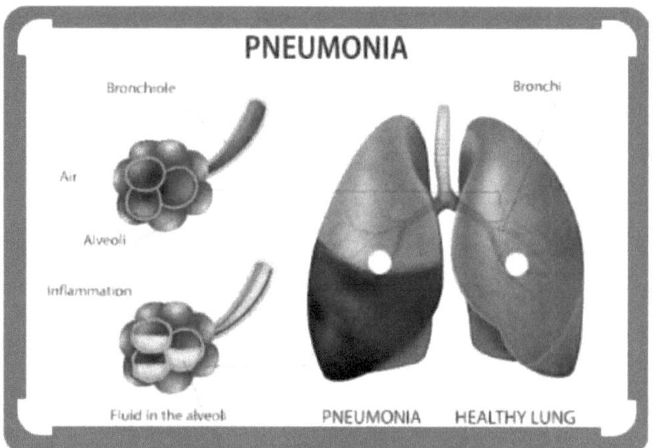

Pulmão saudável Vs Pneumonia

Diferenças entre pneumonia bacteriana e viral

Pneumonia viral

A pneumonia viral é definida como uma doença em que as trocas gasosas de oxigénio e dióxido de carbono ao nível dos alvéolos são anormais e em que essa anormalidade é causada por um agente patogénico viral. É normalmente aceite como uma via final comum de infeção, uma vez que se desenvolve após outra infeção primária. Por este motivo, o número de vírus que podem levar à pneumonia viral é abundante, mas a causa mais comum é o vírus da gripe nos adultos e o vírus sincicial respiratório nas crianças.

Pode ocorrer através dos seguintes mecanismos:

- Introdução direta de uma partícula viral no pulmão,
- Propagação contagiosa de uma infeção viral próxima do trato respiratório (por exemplo, sarampo),
- Propagação contagiosa a partir de uma infeção viral distante.

Pneumonia bacteriana

A pneumonia bacteriana é diagnosticada quando uma anomalia nas trocas gasosas oxigénio-dióxido de carbono é atribuída a uma bactéria. A bactéria *Streptococcus pneumoniae* é responsável pela maioria dos casos de PAC bacteriana, embora *as Enterobacteriaceae*, como a *E-coli*, e o *Staphylococcus aureus* resistente à meticilina (MRSA) sejam também causas predominantes. As bactérias entram mais frequentemente nos pulmões através da micro-aspiração, a inalação do conteúdo gástrico ou da faringe. Quando um agente patogénico entra e prolifera no trato respiratório inferior, pode ser desencadeada uma resposta inflamatória que conduz à pneumonia bacteriana. Por este motivo, as pessoas com doenças pré-existentes que prejudicam o funcionamento imunitário correm um maior risco de contrair pneumonia bacteriana.

Diagnóstico

O diagnóstico da pneumonia inclui quatro aspectos:

   (i)   Sintomas e sinais de uma infeção do trato respiratório,

   (ii)   Alterações radiológicas,

   (iii)   Identificação de um possível agente patogénico e

   (iv)   resposta ao tratamento, ou evolução clínica, consistente com pneumonia.

   O diagnóstico de pneumonia pode ser efectuado sem recurso a exames radiológicos ou microbiológicos.

O diagnóstico diferencial da pneumonia inclui outras doenças cardíacas e pulmonares que se apresentam de forma aguda com características de tosse e/ou dispneia, juntamente com anomalias radiológicas

- **Radiografia do tórax**

   Procura inflamação nos pulmões. A radiografia do tórax é frequentemente utilizada para diagnosticar a pneumonia.

- **Análises ao sangue**

  como um hemograma completo (CBC) para saber se o seu sistema imunitário está a combater uma infeção.

- **Oximetria de pulso**

  Mede a quantidade de oxigénio no sangue. A pneumonia pode impedir os pulmões de enviar oxigénio suficiente para o seu sangue. Para medir os níveis, um pequeno sensor chamado oxímetro de pulso é ligado ao seu dedo ou orelha.

Um teste à expetoração

Utilizado para descobrir qual o germe que está a causar a sua pneumonia.

- **Um teste de reação em cadeia da polimerase (PCR)**

  Verifica rapidamente a sua amostra de sangue ou de expetoração para encontrar o _DNA_ dos germes que causam a pneumonia.

A tomografia computorizada (TC) do tórax pode mostrar a parte dos pulmões afetada pela pneumonia. Também pode mostrar se tem complicações, como abcessos pulmonares ou doenças pleurais. A TAC mostra mais pormenores do que uma radiografia ao tórax.

Toracocentese

O médico utiliza uma agulha para retirar uma amostra de líquido do espaço pleural entre os seus pulmões e a parede torácica. O líquido é depois analisado para detetar a presença de bactérias.

Tratamento

(a) Terapêutica antimicrobiana para a pneumonia bacteriana

regimes antibióticos dirigidos contra potenciais agentes patogénicos, conforme determinado pelo contexto em que a infeção ocorreu e pelo potencial de exposição a organismos multirresistentes (MDR) e a outros agentes patogénicos mais virulentos (ou seja, pneumonia adquirida na comunidade [PAC], pneumonia adquirida nos cuidados de saúde [PAHC], pneumonia adquirida no hospital [PAH], pneumonia associada à ventilação mecânica [PAV]).

O quadro seguinte apresenta as opções de antibióticos de primeira e segunda linha para organismos específicos que causam pneumonia bacteriana.

Organism	First-Line Antimicrobials	Alternative Antimicrobials
Streptococcus pneumoniae		
Penicillin susceptible (MIC < 2 mcg/mL)	Penicillin G, amoxicillin	Macrolide, cephalosporin (oral or parenteral), clindamycin, doxycycline, respiratory fluoroquinolone
Staphylococcus aureus		
Methicillin susceptible	Antistaphylococcal penicillin	Cefazolin, clindamycin
Methicillin resistant	Vancomycin, linezolid	Trimethoprim-sulfamethoxazole

Haemophilus influenzae		
Non–beta-lactamase producing	Amoxicillin	Fluoroquinolone, doxycycline, azithromycin, clarithromycin
Beta-lactamase producing	Second- or third-generation cephalosporin, amoxicillin/clavulanate	Fluoroquinolone, doxycycline, azithromycin, clarithromycin
Mycoplasma Pneumoniae	Macrolide, tetracycline	Fluoroquinolone
Chlamydophila pneumoniae	Macrolide, tetracycline	Fluoroquinolone

A pneumonia é bastante comum, mas tem um impacto negativo significativo na saúde. As infecções respiratórias inferiores (IRS) foram a quinta causa mais comum de mortalidade em geral e a principal causa infecciosa de morte, de acordo com o Estudo sobre o Peso Global da Doença de 2015. De todas as mortes por IRA, a pneumonia causada por pneumococos foi responsável por 55%. Novas infecções, especialmente vírus, continuam a aparecer como causas de pneumonia. Um desafio adicional é o crescimento da resistência aos medicamentos entre as infecções respiratórias comuns. A pneumonia é tipicamente classificada em três tipos: pneumonia adquirida no ventilador, pneumonia adquirida no hospital e pneumonia adquirida na comunidade. O processo de classificação baseia-se na localização do doente no momento da infeção. É necessária uma abordagem mais cautelosa do que as técnicas antibacterianas empíricas que são a imagem de marca da prática clínica mais moderna, uma vez que o aparecimento de resistência aos antibióticos põe em risco a nossa capacidade de tratar as infecções quando estas surgem.

Sintomas comuns e infeção

Cada doença infecciosa tem os seus próprios sinais e sintomas específicos. Os sinais e sintomas gerais comuns a uma série de doenças infecciosas incluem:

- Febre
- Diarreia
- Fadiga
- Dores musculares
- Tosse

As doenças infecciosas podem ser causadas por:

- **Bactérias.** Estes organismos unicelulares são responsáveis por doenças como a faringite estreptocócica, as infecções do trato urinário e a tuberculose.
- **Vírus.** Ainda mais pequenos do que as bactérias, os vírus causam uma grande variedade de doenças, desde a constipação comum à SIDA.
- **Fungos.** Muitas doenças de pele, como a micose e o pé de atleta, são causadas por fungos. Outros tipos de fungos podem infetar os seus pulmões ou sistema nervoso.
- **Parasitas.** A malária é causada por um parasita minúsculo que é transmitido pela picada de um mosquito. Outros parasitas podem ser transmitidos aos seres humanos através das fezes de animais.

Orientações gerais para a prevenção de infecções bacterianas

As formas de reduzir o seu risco de vários tipos de infecções bacterianas incluem:

Vacine-se. Existem vacinas para muitas doenças bacterianas, incluindo o tétano, a tosse convulsa, a difteria e as bactérias que causam certas formas de meningite (Neisseria meningitides), pneumonia (Streptococcus pneumoniae, Haemophilus influenzae tipo b) e infecções da corrente sanguínea.

Pratique uma boa higiene. Isto inclui manter bons hábitos de lavagem das mãos, usar roupas limpas e secas e não partilhar objectos pessoais com outras pessoas.

Mantenha as feridas limpas. As fissuras na sua pele permitem a entrada de bactérias. Limpe e cubra os cortes ou feridas na sua pele.

Pratique hábitos alimentares seguros. Isto inclui armazenar os alimentos corretamente, aquecer a carne e as aves a uma temperatura que mate as bactérias e lavar ou descascar frutas e legumes antes de os comer.

Utilize um preservativo ou um dique dentário durante qualquer tipo de relação sexual.

Proteja-se das picadas de insectos. Use vestuário de proteção, utilize inseticida e verifique se há carraças em si e nos seus animais de estimação depois de estar ao ar livre.

Orientações gerais para a prevenção de infecções virais

Os vírus são germes compostos por material genético (ADN ou ARN) e proteínas. Por si só, não são considerados vivos, mas têm uma forma de comando que lhes permite sequestrar células saudáveis. Nos seres humanos, os vírus podem causar infecções como constipações, gripe, verrugas, varíola, VIH/SIDA, Ébola e o coronavírus. As infecções virais invadem as células normais vivas e utilizam-nas para se replicarem. Podem então multiplicar-se tão rapidamente que podem danificar ou alterar as células saudáveis, dependendo dos órgãos que atacam - e é aí que sente os sintomas. Os vírus podem invadir o sistema respiratório e começar a propagar-se.

Algumas medidas eficazes
Medicamentos antivirais
Plasma de convalescença
Mantenha um sistema imunitário forte
Alimente-se de forma saudável

Lave as suas mãos com frequência e higienize-as

Durma o suficiente

Referências

Drahoslava Lesbros-Pantoflickova, Irene Corthe'sy-Theulaz, e Andre' L. Blum, *Helicobacter pylori* e Probióticos- 2007

Yang JC, Lu CW, Lin CJ. Tratamento da infeção por Helicobacter pylori: Estado atual e conceitos futuros. World J Gastroenterol -2014

Sang Yoon Kim, Tipos de mutações pontuais do ARN ribossómico 23S e resultados terapêuticos para *Helicobacter pylori-2020*

Jorge M.B. Vítor, Filipa F. Vale, Terapias alternativas para Helicobacter pylori: probióticos e fitomedicina-2011

de Brito BB, Patogénese e gestão clínica da infeção gástrica por *Helicobacter pylori*. World J Gastroenterol, 2019.

Rajalakshmi Sathiya Narayanan, Role of Probiotics in the Management of Helicobacter pylori, 2022.

Tanshi Mehrotra, T. Barani Devi, Antimicrobial resistance and virulence in Helicobacter pylori: Genomic insights, 2021.

S. Ergin, B. Kocazeybek, Mutações nos genes 23S rRNA de Helicobacter pylori medeiam a resistência à claritromicina (Estudo Apreliminar),2018.

HB Pandya, Harihar Har Agravat, JS Patel, NRK Sodagar; Padrão de resistência antimicrobiana emergente de Helicobacter pylori no centro de Gujarat; 2021.

Ge Wang, Trevor J. M. Wilson, Qin Jiang, Diane E. Taylo; Mutações espontâneas que conferem resistência a antibióticos em Helicobacter pylori; 2001.

Filipa F Vale, Mónica Oleastro; Overview of the phytomedicine approaches against Helicobacter pylori; 2014.

Su Young Kim, Duck Joo Choi; Antibioticoterapia para Helicobacter pylori: o fim está a chegar; 2015.

Rocco M Zagari, Leonardo Frazzoni, Giovanni Marasco; Tratamento da infeção por Helicobacter pylori: uma atualização da prática clínica; 2020.

CDHF; Teste do antigénio fecal do H. pylori: Um teste não invasivo para diagnosticar a infeção por *H. pylori*; 2022.

Minesh Khatri, WebMD Editorial Contributors; O teste respiratório da ureia e o H. Pylori; 2023.

C M Pathak 1, DK Bhasin, K L Khanduja; Urea breath test for Helicobacter pylori detection: present status; 2004.

Nimish Vakil MD, Escola de Medicina e Saúde Pública da Universidade de Wisconsin; Fisiopatologia, diagnóstico e tratamento da infeção por Helicobacter pylori; 2023.

Toyoshima O, Nishizawa T, Koike K. Endoscopic Kyoto classification of Helicobacter pylori infection and gastric cancer risk diagnosis. World J Gastroenterol 2020.

Samina Khan Bashir e Muhammad Bashir Khan; Overview of Helicobacter pylori Infection, Prevalence, Risk Factors, and Its Prevention; 2023.

Barbara Braden; Diagnóstico da infeção por Helicobacter pylori; 2012.

Hang Yang e Bing Hu; Diagnosis of Helicobacter pylori Infection and Recent Advances (Diagnóstico da infeção por Helicobacter pylori e avanços recentes); 2021.

Wang YK, Kuo FC, Liu CJ, Wu MC, Shih HY, Wang SS, Wu JY, Kuo CH, Huang YK, Wu DC. Diagnóstico da infeção por Helicobacter pylori: Opções actuais e desenvolvimentos; 2015.

Dana Carmen Zaha, Rakesh K Sindhu, Simona Cavalu; Revisitando estratégias terapêuticas para o tratamento de H. pylori no contexto da resistência aos antibióticos: Foco em Terapias Alternativas e Complementares; 2021.

Ge Wang, Diane E. Taylor, Ge Wang, M. Zafri Humayun, Diane E. Taylor; Mutação como origem da variabilidade genética em Helicobacter pylori; 1999.

Evariste Tshibangu-Kabamba e Yoshio Yamaoka; Infeção por Helicobacter pylori e resistência aos antibióticos, da biologia às implicações clínicas; 2021.

Acharya Tankeshwar; Teste Respiratório da Ureia (UBT): Princípio, procedimento e resultados; 2024. Kamila Goderska, Sonia Agudo Pena & Teresa Alarcon; Tratamento do Helicobacter pylori: antibióticos ou probióticos; 2017.

Baseler L, Chertow DS, Johnson KM, Feldmann H, Morens DM. The Pathogenesis of Ebola Virus Disease (A Patogénese da Doença do Vírus Ébola). Annu Rev Pathol. 2017 Jan 24;12:387-418. doi: 10.1146/annurev-pathol-052016-100506. PMID: 27959626.

Takada A. [Vacina e tratamento do Ébola]. Uirusu. 2015;65(1):61-70. Japonês. doi: 10.2222/jsv.65.61. PMID: 26923959.

Feldmann H, Sprecher A, Geisbert TW. Ébola. N Engl J Med. 2020 May 7;382(19):1832-1842. doi: 10.1056/NEJMra1901594. PMID: 32441897.

Marcinkiewicz J, Bryniarski K, Nazimek K. Ebola haemorrhagic fever virus: pathogenesis, immune responses, potential prevention. Folia Med Cracov. 2014;54(3):39-48. PMID: 25694094.

Kilgore PE, Grabenstein JD, Salim AM, Rybak M. Treatment of ebola virus disease. Pharmacotherapy. 2015 Jan;35(1):43-53. doi: 10.1002/phar.1545. PMID: 25630412.

Jacob ST, Crozier I, Fischer WA 2nd, Hewlett A, Kraft CS, Vega MA, Soka MJ, Wahl V, Griffiths A, Bollinger L, Kuhn JH. Ebola virus disease. Nat Rev Dis Primers. 2020 Feb 20;6(1):13. doi: 10.1038/s41572-020-0147-3. PMID: 32080199; PMCID: PMC7223853.

Zawilinska B, Kosz-Vnenchak M. General introduction into the Ebola virus biology and disease. Folia Med Cracov. 2014;54(3):57-65. PMID: 25694096.

Doenças Infecciosas de Harrison. Capítulo 205 Terceira edição.

Shrivastava Saurabh, RamBihariLal, Shrivastava Prateek, Saurabh, Ramasamy Jegad eesh. (2015) A doença do Ébola: uma emergência de saúde pública internacional. Asian Pacific Journal of Tropical Disease, 5 (4), 253 https://doi.org/10.1016/S2222-1808(14)60779-9

Cuidados Clínicos de Dois Pacientes com a Doença do Vírus Ébola nos Estados Unidos. DOI: 10.1056/NEJMoa1409838

Nicastri E, Kobinger G, Vairo F, Montaldo C, Mboera LEG, Ansunama R, Zumla A, Ippolito G. Ebola Virus Disease: Epidemiologia, características clínicas, gestão e prevenção. Infect Dis Clin North Am. 2019 Dec;33(4):953-976. doi: 10.1016/j.idc.2019.08.005. PMID: 31668200.

Furuyama W, Marzi A. Ebola Virus: Patogénese e desenvolvimento de contramedidas. Annu Rev Virol. 2019 Sep 29;6(1):435-458. doi:

10.1146/annurev-virology-092818-015708. PMID: 31567063.

Ligação ao sítio Web

https://www.ncbi.nlm.nih.gov/pmc/articles/PMC3322747/

https://www.gov.uk/government/publications/ebola-origins-reservoirs-transmission-and- guidelines/ebola-overview-history-origins-and-transmission#:~:text=A maioria dos casos confirmados foram notificados, %2C%20Libéria%20e%20Serra%20Leoa).

https://www.who.int/news-room/fact-sheets/detail/ebola-virus-disease?gad_source=1&gclid=Cj0KCQjw_qexBhCoARIsAFgBlevc6t9A81RsShSxRRt 7hq90ol4 GA0PkG0SvRzWrTzLo27tc0I8q5t0aArtPEALw_wcB

https://www.hopkinsmedicine.org/health/conditions-and-diseases/ebola

Peterson AT, Bauer JT, Mills JN. Distribuição ecológica e geográfica da doença por filovírus. Emerg Infect Dis. 2004 Jan;10(1):40-7. doi: 10.3201/eid1001.030125. PMID: 15078595; PMCID: PMC3322747.

https://www.cdc.gov/vhf/ebola/history/chronology.html

https://www.annualreviews.org/content/journals/10.1146/annurev-pathol-052016-100506

https://www.ncbi.nlm.nih.gov/pmc/articles/PMC7241411/

https://emedicine.medscape.com/article/300157-treatment?form=fpf#d6